PROJET

DE

GÉOLOGIE DÉPARTEMENTALE

PROJET

DE

GÉOLOGIE DÉPARTEMENTALE

PAR

M. GUILLAUME PETIT
Membre du Conseil général de l'Eure, Député au Corps-Législatif.

Ego deliberandum censeo;
Res magna est.
TÉRENCE, *Phormio*.

PARIS
TYPOGRAPHIE DE AD. LAINÉ ET J. HAVARD
RUE DES SAINTS-PÈRES, 19

1864

A SON EXCELLENCE MONSIEUR TROPLONG,

PRÉSIDENT DU SÉNAT,
PREMIER PRÉSIDENT DE LA COUR DE CASSATION, MEMBRE DE L'INSTITUT,
PRÉSIDENT DU CONSEIL GÉNÉRAL DE L'EURE, ETC.

MONSIEUR LE PRÉSIDENT,

Permettez-moi de mettre sous votre bienveillant patronage ce projet de Géologie Départementale que j'adresse, sous forme de lettre, à mes collègues au conseil général de l'Eure.

Si, comme je n'en puis douter, ce projet prête en quelques points à la critique, vos conseils et ceux de mes collègues feront disparaître ce qui est défectueux.

S'il contient quelques idées justes, votre approbation et la leur, formulées dans un vœu exprimé dans notre prochaine session, me seront un titre sérieux à l'examen de l'administration et rendront facile la réalisation de ma pensée, qui ne m'est dictée, vous n'en doutez pas, que par le désir d'être utile à mes concitoyens.

Veuillez agréer, Monsieur le Président, l'expression de mon profond respect et de mon sincère attachement.

GUILLAUME PETIT,

Membre du conseil général de l'Eure, député au Corps-Législatif.

Paris, 10 mars 1864.

MESSIEURS ET CHERS COLLÈGUES,

Vous accordez à toutes nos industries une protection trop éclairée, vous les environnez d'une trop vive sympathie pour ne pas avoir accueilli avec satisfaction, il y a quelques mois, le travail que Monsieur le Préfet a confié à l'habile rédacteur du *Courrier de l'Eure*, M. Lapierre; et si chacun de vous, en parcourant ce recueil, dans lequel sont consignés de précieux détails sur les diverses industries du département, a éprouvé quelques regrets en remarquant que plusieurs d'entre elles, et des plus importantes, n'ont pas été représentées à l'Exposition universelle de Londres, vous avez eu du moins la consolation d'apprendre que celles qui sont venues prendre part à la lutte solennelle ouverte entre toutes les nations ont dignement soutenu l'honneur de la France et en particulier celui de notre département. Vous avez également trouvé dans les nombreux rapports des jurés français, que la Commission Impériale a fait imprimer, le témoignage irrécusable du mérite et de l'énergique intelligence de tous nos exposants.

Cependant, Messieurs et chers collègues, l'industrie et l'agriculture sont deux sœurs qui ont des droits égaux à votre affection ; les encouragements que vous vous plaisez à leur prodiguer ont surtout pour but de resserrer entre elles des liens nécessaires à la prospérité commune et au bien-être du plus grand nombre, et votre concours est nécessairement acquis à tout ce qui peut assurer ou hâter les progrès de l'une et de l'autre.

L'industrie trouve dans les conditions mêmes de son existence des ressources plus certaines que l'agriculture. Généralement agglomérée dans de grands centres de population où les relations entre tous les hommes sont faciles et promptes, munie des machines les plus perfectionnées, douée d'une mobilité qui lui permet les essais les plus multipliés et les résultats les plus rapides, dirigée enfin par des manufacturiers instruits, qui savent appeler la science à leur aide et l'appliquer avec habileté, l'industrie étale en tous lieux des merveilles qui frappent l'imagination et captivent tous les regards.

Moins favorisée qu'elle, plus timide en son allure, retardée dans son développement par l'isolement dans lequel vivent les cultivateurs, forcée d'attendre pendant de longs mois les résultats d'essais coûteux et qui souvent ne reposent que sur des données incertaines ou les théories délicates de la chimie et de la physiologie végétales, l'agriculture a surtout besoin de conseils et d'encouragements.

Sans aucun doute votre bienveillant appui et celui de tous les hommes qui ont à cœur la grandeur et la prospérité de notre patrie ne lui ont jamais fait défaut ; vous faites connaître dans d'utiles concours les méthodes de culture perfectionnée et les machines dont une pratique judicieuse recommande l'emploi ; vous vous plaisez à récompenser les serviteurs infatigables et dévoués qui vieillissent dans nos fermes, et lorsque des distinctions, que l'on ne reçoit jamais sans une profonde émotion, viennent trouver dans le fond de nos campagnes les chefs modestes de nos communes rurales ou nos cultivateurs les plus intelligents, vos applaudissements témoignent de votre empressement à vous joindre à la pensée de l'Empereur dont la vive et paternelle sollicitude s'étend sur tous.

Il me semble cependant, Messieurs et chers collègues, que nous pouvons plus encore ; nous pouvons plus directement ou du moins sous une forme nouvelle contribuer à la prospérité de l'agriculture, et, si je ne me fais illusion, le Conseil général de l'Eure peut acquérir de nouveaux titres à la reconnaissance du pays.

Permettez-moi d'entrer dans quelques développements sur ce point; je chercherai à éviter les lenteurs et les détails inutiles, certain que je suis d'ailleurs de ne pas fatiguer votre attention du moment qu'il s'agit d'un projet d'utilité publique.

L'art de l'agriculture repose surtout, vous le savez, sur la théorie difficile des engrais et des amendements ; les uns et les autres doivent être appropriés à la nature du sol et à celle des plantes cultivées. Ici, par exemple, pour ne parler que des amendements, le marnage est nécessaire pour donner ou rendre à la terre la chaux qui lui fait défaut ; là c'est la silice qu'il faut introduire dans la couche arable ; le froment ne peut s'en passer. Je pourrais multiplier les exemples ; mais ces quelques mots suffisent pour vous rappeler combien l'étude de la géologie est indispensable aux progrès de l'agriculture.

Ce que je dis n'est pas nouveau ; d'autres l'ont dit avant moi et avec plus d'autorité que je ne le puis faire.

Je n'ignore pas en effet tout ce que nous devons à cet égard à l'énergique initiative du gouvernement. C'est ainsi que vous trouverez, par exemple, dans le *Moniteur* ou dans les *Annales des ponts et chaussées,* et que vous lirez avec un très-vif intérêt deux circulaires ministérielles des 14 avril et 2 septembre 1852 sur ce sujet important. La première est signée par notre honorable collègue, M. Lefebvre-Duruflé, alors ministre des travaux publics ; à la seconde est jointe une note très-étendue sur la confection des cartes agronomiques, due, si je ne me trompe, à deux savants illustres, MM. Élie de Beaumont et Dufresnoy.

Je n'ignore pas également que nous devons à la science de nombreuses publications, et je citerai particulièrement les remarquables études hydrologiques dans le bassin de la Seine de M. l'ingénieur Belgrand, et l'excellent rapport de M. D'Aubrée, professeur de géologie au Muséum, membre du jury à l'exposition de Londres; mais ne puis-je ajouter, sans être taxé de trop de présomption, que, par des causes diverses, les circulaires ministérielles n'ont pas donné tous les résultats qu'il était permis d'en attendre, que l'œuvre entreprise semble en ce moment abandonnée, et que, sauf quelques cartes agronomiques d'un incontestable mérite, la plupart des publications ne s'appliquent qu'à de très-étroites circonscriptions, ou sont conçues en termes trop généraux pour être, au point de vue agricole, d'une grande utilité pratique.

Quant aux cartes géologiques dressées jusqu'à ce jour, elles ne s'adressent, sauf les exceptions que je viens d'indiquer sommairement, qu'aux géologues de profession, et, si utiles qu'elles puissent être au point de vue de la science, elles ne sont d'aucun secours à nos cultivateurs. Vous savez, en effet, qu'elles ne nous font connaître que les divers terrains sédimentaires ou cristallisés de l'écorce terrestre, et que la couche superficielle, arable ou cultivable, y est complétement négligée.

Il importe qu'il en soit autrement; il faut que la géologie, comme la physique et la chimie, se fasse industrielle, permettez-moi cette expression; il faut qu'elle sorte des généralités qui ne donnent en toutes choses que des connaissances au moins douteuses; il faut, selon la méthode si justement recommandée par Bacon, constater tous les faits, entrer dans tous les détails. La théorie agricole qui s'appuiera sur un pareil travail conduira alors à des résultats certains. Tout progrès est à ce prix.

Tel est le but, Messieurs et chers collègues, que je me suis proposé d'atteindre avec vous. Sous le titre de Géologie Départementale, j'apporte devant vous et je soumets à votre appréciation un projet longtemps étudié dans le silence du cabinet, comme le doit être tout travail que l'on ose vous présenter. Puissiez-vous y reconnaître le caractère pratique que je me suis attaché à lui donner.

En voici l'exposé général.

La géologie départementale se divise en deux sections principales : la géologie proprement dite, ou l'étude des divers terrains qui s'offrent à l'observation dans l'étendue d'un département, et la géologie agricole, c'est-à-dire la détermination analytique de cette partie infiniment petite de la couche superficielle à laquelle le travail incessant du cultivateur demande des produits variés.

La première section, l'étude géologique et scientifique, peut et doit comprendre, pour être complète et réellement utile, les détails les plus minutieux. D'un côté, elle doit tenir compte des altitudes d'un grand nombre de points ; les points élevés au-dessus de la surface moyenne nous révèlent l'ordre, plus ou moins régulier, et la nature des différents gisements, et nous fournissent de précieuses indications sur les âges des soulèvements et sur la formation des vallées. Cette étude est déjà fort avancée en France ; il nous suffira d'y ajouter quelques pages. D'un autre côté, la géologie doit avoir pour base un vaste réseau de nivellement. Que ce mot ne vous effraye pas ; ce réseau existe et vous est tout naturellement indiqué ; c'est celui des routes et chemins de toutes natures, des rivières et en général des cours d'eau. La carte routière d'un département ou, mieux peut-être, la carte départementale dressée par les soins des officiers d'état-major doit donc être le point de départ de cette partie du travail.

Nos géologues pourront encore s'appuyer sur les nivellements de précision exécutés depuis peu d'années par M. Bourdaloue, d'après les ordres de S. E. M. le Ministre des travaux publics, sous la direction des ingénieurs en chef des ponts et chaussées, nivellements dans lesquels, en vertu de la décision ministérielle du 13 février 1860, les altitudes ont été rapportées au niveau moyen de la mer à Marseille.

Je dis plus : le nivellement d'une grande partie

de ce réseau est déjà et depuis longtemps terminé dans le département de l'Eure. Vous avez dans les archives des ponts et chaussées les nivellements des routes impériales, des routes départementales et des rivières ; c'est ce qui constitue les itinéraires rédigés par MM. les ingénieurs. Il suffit donc, pour compléter ce réseau, d'ajouter aux itinéraires des ponts et chaussées ceux du service vicinal, exécutés de la même manière ; c'est une tâche dont MM. les agents-voyers peuvent s'acquitter avec toute la perfection et la célérité désirables.

La statistique des routes renferme en outre un document géologique qui aura une grande valeur, quand il aura été vérifié et contrôlé avec soin ; je veux parler de la nature du sol sur lequel chaque route repose. Jusqu'à ce jour on s'est contenté d'expressions très-vagues, mais suffisantes toutefois au point de vue des dépenses d'entretien, pour établir la statistique des routes. Le sol a été dit, par exemple, calcaire, argileux ou marneux, suivant la matière qui le constitue principalement. La géologie exige un langage plus sévère ; la définition du sol doit être plus exacte et plus rigoureuse, et c'est une étude qui se fera encore avec la plus grande facilité au moment des travaux de curage des fossés.

Il convient enfin de rattacher au réseau des lignes de nivellement les carrières, les puits, les marnières, les fouilles, les sondages, en un mot tout ce qui peut nous faire connaître la constitution du sol dans sa partie inférieure. Ces divers points seraient, comme je viens de le dire, rattachés en plan et en nivellement aux routes les plus voisines et surtout aux bornes kilométriques ; et pour que cette pensée soit bien comprise, je mets sous vos yeux un rapport que je dois à l'obligeance de M. le Préfet et de MM. les ingénieurs au sujet d'une nappe d'eau souterraine, rencontrée dans le fond d'une marnière, sur le territoire de la commune de Gaudreville, arrondissement d'Évreux. Il est hors de doute que des relevés de cette nature contribueraient à rendre complète et pleine d'intérêt la géologie du département. Il suffit de les faire avec l'exactitude qui caractérise tous les travaux de MM. les ingénieurs des mines et des ponts et chaussées, et avec cette persévérance qui assure seule le succès de toutes les entreprises. (*Planche A.*)

Je mets également sous vos yeux la coupe géologique des terrains au milieu desquels est établie l'écluse de Martot, à la limite des départements de l'Eure et de la Seine-Inférieure. Je dois cet intéressant renseignement à mon excellent ami, M. l'ingénieur de la navigation Saint-Yves, chargé des travaux du barrage de Martot, sous la direction de M. l'ingénieur en chef Beaulieu. (*Planche B.*)

Telle serait donc, Messieurs et chers collègues, la première partie du programme relative à la géologie pure ; relevé des points culminants, examen et comparaison des assises qui les composent, indication de l'inclinaison et de la direction de ces assises, nivellement général au moyen des itinéraires du service des ponts et chaussées et de ceux du service vicinal, détermination rigoureusement exacte du sol sur lequel reposent les routes, et enfin relevé attentif et régulier de toutes les cavités naturelles ou artificielles qui permettent de jeter un regard curieux sur les diverses séries des couches sédimentaires.

L'étude que j'indique ici n'offre aucune difficulté ; elle est, comme je vous l'ai fait remarquer, commencée sur plus d'un point, et, si elle est suivie pendant plusieurs années sans précipitation, mais avec persévérance, elle donnera certainement à la science de la géologie une forme plus précise, et la fera sortir des généralités qui la déparent et l'obscurcissent.

L'histoire même n'y gagnera pas moins que la science, et je pourrais déjà inscrire ici quelques renseignements qui prouvent, de la façon la plus irrécusable, que l'homme a été le témoin de quelques-unes des révolutions du sol que nous foulons aujourd'hui sous nos pieds, ou qui du moins nous permettent de retrouver la configuration des lieux qu'habitaient des générations éteintes depuis une longue série de siècles. Un seul exemple me suffira au milieu de plusieurs autres.

La coupe géologique ci-jointe de la fouille faite dans la vallée d'Eure, pour l'établissement de l'écluse de Léry, vous indique non-seulement la stratification du sol de cette vallée et sa concordance générale avec la stratification de la vallée de la Seine à Martot, mais encore qu'en un certain point, où les travaux se sont arrêtés, à cinq mètres environ au-dessous de la surface actuelle des prairies, les ouvriers ont rencontré de nombreux débris de pavés et de poteries vernis.

Je dois cette coupe géologique et la constatation de ce fait à M. le conducteur principal Leclerc, chargé de la construction de l'écluse de Léry sous les ordres de M. l'ingénieur en chef Méry. (*Planche C.*)

J'arrive à la géologie agricole; elle est en quelque sorte le corollaire de la géologie générale et ne présente également aucune difficulté. Il ne s'agit plus en effet que de déterminer la nature de la couche superficielle.

Pour qu'il en soit ainsi, de grandes lignes d'opération, reliant entre elles les différentes voies de communication, soit convergentes, soit parallèles, seraient tracées de manière à traverser les terrains de composition différente au moins en apparence; ces lignes seraient sommairement nivelées, et, de distance en distance, j'appelle particulièrement votre attention sur cette partie du travail qui constituera essentiellement la géologie agricole et pratique, de distance en distance et en des points dont la détermination doit être laissée à l'intelligente initiative des opérateurs, des échantillons du sol seraient pris à trois profondeurs différentes, à la surface, à cinquante centimètres environ, c'est-à-dire à la profondeur que le soc de la charrue atteint ordinairement, et enfin à un mètre, de façon à connaître la nature du sous-sol qu'il est si souvent utile de mêler à la couche superficielle par un labour profond.

Ces échantillons seraient analysés avec soin, et le résultat de ces analyses serait rendu public et inscrit sur des registres déposés dans les archives départementales et dans celles des communes intéressées.

Il est évident qu'un très-petit nombre d'analyses suffirait pour déterminer la composition d'une étendue de terrain considérable, et il ne l'est pas moins que ces analyses sont très-peu coûteuses et très-faciles à faire, et que nous trouverons dans tous nos cantons des médecins et des pharmaciens instruits qui se chargeront volontiers de ce soin.

Tel est l'ensemble du travail ; quels sont les moyens d'exécution ?

La géologie départementale doit être exécutée, sous le patronage et même avec l'intervention directe de l'administration et du conseil général, par une association libre d'hommes instruits et dévoués, faciles à trouver dans un dépa tement tel que le nôtre, et qui, à des titres divers, apporteraient à l'œuvre une coopération précieuse. Vous pouvez compter sur le concours des géologues de profession et sur celui des hommes qui recherchent dans l'étude des sciences naturelles un repos souvent nécessaire et toujours utile. Les ingénieurs des mines et des ponts et chaussées, les conducteurs placés sous leurs ordres, les agents-voyers de tous grades, les médecins, les pharmaciens et les agriculteurs s'empresseraient, vous n'en pouvez douter, de se réunir autour de vous.

Aux ingénieurs, aux conducteurs des ponts et chaussées, aux agents-voyers serait naturellement confié le soin de préciser l'altitude des points culminants ainsi que l'inclinaison et la direction des couches qui les composent, de compléter et de coordonner les itinéraires, c'est-à-dire le réseau de nivellement des routes et des cours d'eau, de rattacher à ce réseau les cavités naturelles ou artificielles et d'en étudier la coupe géologique; de déterminer rigoureusement la nature du sol sur lequel les routes reposent, et enfin de faire entrer dans le réseau principal des itinéraires le nivellement sommaire du réseau agricole dont la direction générale pourrait être utilement indiquée par les cultivateurs.

La mission des chimistes, médecins ou pharmaciens, commencerait quand il s'agirait de soumettre à l'analyse des terres prises à diverses profondeurs sur le réseau agricole et aux points fixés par les ingénieurs et les agents-voyers.

Enfin les agriculteurs ajouteraient au travail de la science une valeur positive en indiquant les plantes dont une longue pratique semble recommander la culture dans les sols analysés, celles qui n'y peuvent prospérer et les amendements dont ils font ordinairement usage.

Cette étude faite en commun donnerait nécessairement les plus utiles résultats; la science et l'agriculture y trouveraient également leur compte.

Cependant, Messieurs et chers collègues, pour que ce travail, tout facile qu'il puisse être, soit mené à bonne fin, il faut une organisation sérieuse. L'ordre le plus exact doit venir en aide à la persévérance et au dévouement de tous.

Ici commencerait la tâche de l'administration, si je puis me servir de cette expression. Son concours d'ailleurs n'a jamais fait défaut à toute entreprise ayant pour but le progrès et le bien-être général.

Un comité départemental serait établi au chef-lieu du département sous la présidence du Préfet; ce comité serait composé de deux ou plusieurs membres du conseil général, de l'ingénieur des mines, de l'ingénieur en chef des ponts et chaussées, de l'agent-voyer en chef, des maires des chefs-lieux d'arrondissement, d'un ou plusieurs médecins, d'un ou plusieurs pharmaciens et de deux agriculteurs au moins par arrondissement. Ce comité aurait pour mission principale de surveiller l'ensemble des opérations dans le département, d'en maintenir l'unité et la concordance, de hâter ce qui peut être mené vivement, de prévenir les impatiences là où une sage lenteur et la circonspection sont nécessaires ; ce serait lui qui nommerait tous les membres qui voudraient s'adjoindre aux comités de cantons dont je parlerai plus loin.

C'est une haute fonction, c'est un pouvoir étendu qui serait déféré à ce comité départemental; mais ne pensez-vous pas avec moi que l'œuvre ne peut être parfaite qu'au prix de l'abnégation de tous et d'une exacte discipline?

Le comité départemental aurait d'ailleurs le devoir de présenter tous les ans au conseil général, dans sa session ordinaire, un rapport officiel, approuvé et signé par tous les membres du comité et dans lequel il rendrait compte de l'état des travaux scientifiques et agricoles dont il aurait accepté la surveillance et la direction.

Des comités d'arrondissement serviraient d'intermédiaires entre le comité départemental et les comités de canton.

Placés sous la surveillance des sous-préfets, ils

seraient composés de deux ou plusieurs membres du conseil général, du président et du secrétaire du conseil d'arrondissement, de l'ingénieur des ponts et chaussées, de l'agent-voyer d'arrondissement, des maires des chefs-lieux de canton, d'un ou de plusieurs médecins, d'un ou plusieurs pharmaciens et d'autant de cultivateurs au moins qu'il y a de cantons dans l'arrondissement.

La mission des comités d'arrondissement serait analogue à celle du comité départemental. Placés plus près des localités, initiés à des détails sur lesquels il sera peut-être nécessaire d'appeler l'attention soit du comité départemental soit des comités de canton, les comités d'arrondissement pourraient, mais en se conformant aux instructions du comité départemental, assurer et contrôler la régularité des opérations faites dans les cantons.

Chaque année et à une époque déterminée par le comité départemental, les comités d'arrondissement adresseraient au comité départemental un rapport explicatif sur les travaux de l'arrondissement. Ce rapport serait approuvé et signé par tous les membres présents.

Dans chaque canton enfin, un comité serait institué sous la présidence du conseiller général;

les conseillers d'arrondissement élus dans le canton seraient membres et vice-présidents de ce comité.

Les comités de canton seraient composés du conseiller général et des conseillers d'arrondissement élus dans le canton, de l'ingénieur des ponts et chaussées de l'arrondissement et d'un conducteur désigné par lui, de l'agent-voyer de l'arrondissement, de l'agent-voyer du canton, des maires du canton, d'un ou plusieurs médecins, d'un ou plusieurs pharmaciens et de quatre cultivateurs. En outre, dans chaque canton, tout cultivateur, propriétaire ou fermier, ou toute personne connue par des travaux scientifiques ou par un dévouement sérieux aux sciences naturelles, pourrait être, sur sa demande, admis à faire partie du comité de canton, mais sur la présentation du comité d'arrondissement et la nomination du comité départemental.

Il importe de conserver nettement à l'association le caractère particulier et hiérarchique qu'elle doit avoir.

Les comités de canton pourraient être ainsi, sans inconvénients, composés d'un grand nombre de personnes.

Pour rendre leurs travaux plus faciles, les comités de canton pourraient être subdivisés en sections dans lesquelles entreraient plus particulièrement les membres du comité ayant des connaissances ou des aptitudes spéciales.

La première section serait, par exemple, celle des plans et nivellements ; elle comprendrait les routes impériales et départementales, les chemins vicinaux de grande et de petite communication, les rivières et les cours d'eau en général. Elle serait également chargée de rattacher aux nivellements les cavités naturelles ou artificielles.

La seconde aurait à s'occuper des lignes agricoles ; elle aurait des relations nécessaires avec la première.

La troisième section aurait l'importante mission de soumettre à l'analyse les terres prises à diverses profondeurs aux points indiqués par les opérateurs qui auraient déterminé la direction et fait le nivellement sommaire des lignes agricoles.

D'autres sections pourraient être formées en cas d'utilité reconnue, et cette utilité ne tarderait pas à se faire sentir. Dans ces sections viendraient naturellement prendre place les géologues, les botanistes, les archéologues et d'autres encore qui vivent aujourd'hui dans l'isolement, et qui sait si l'administration elle-même ne trouverait pas dans cette organisation tous les éléments d'une statistique cantonale sérieuse et complète à tous les points de vue?

Je crois cependant nécessaire de laisser à tous les membres appartenant au canton le droit de délibérer en commun, quand ils le jugeront convenable, et au moins à l'époque du rapport annuel ; il est bon qu'ils se connaissent et puissent s'éclairer mutuellement.

Chaque année, à une époque déterminée par le conseil départemental, et dont la connaissance leur serait transmise par les comités d'arrondissement, les comités de canton adresseraient aux comités d'arrondissement un rapport détaillé sur les travaux de leurs sections. Ce rapport serait signé par les membres du bureau général du comité.

Les comités d'arrondissement garderaient dans leurs archives copie des rapports des comités de canton, avant de les transmettre au comité départemental avec leur rapport explicatif sur les travaux de l'arrondissement.

Pour éviter autant que possible aux membres de l'association des déplacements souvent inutiles et toujours regrettables, les séances du comité départemental auraient lieu au chef-lieu du département dans l'hôtel de la Préfecture; celles des comités d'arrondissement au chef-lieu de la circonscription, dans l'hôtel de la sous-préfecture; celles des comités de canton au chef-lieu du canton, à la mairie, ou, à défaut, dans le local désigné, sur l'avis du bureau, par le conseiller général, président du comité, ou, en cas d'empêchement, par le vice-président.

Les comités de canton ou leurs sections ne pourraient se réunir que sur la demande de leurs présidents et avec l'autorisation du comité d'arrondissement. Les lettres de convocation indiqueraient les motifs de la réunion et les questions à traiter. Toute délibération en dehors de l'ordre du jour serait formellement interdite. Notre population est trop intelligente et trop dévouée à l'ordre pour ne pas comprendre la nécessité de ces dispositions impératives, empruntées d'ailleurs à la loi municipale dont elle a déjà un long usage et qu'elle sait respecter.

Il me reste enfin, pour tout prévoir, à dire un mot des dépenses auxquelles donnerait lieu le travail aussi sérieux qu'utile qu'il s'agit d'entreprendre et de mener jusqu'au bout.

La plupart des membres de l'association ne demanderont certainement aucun salaire ; mais il sera convenable d'indemniser de leurs soins et de leurs fatigues, dans une certaine mesure, les conducteurs des ponts-et-chaussées et les agents-voyers autres que les voyers d'arrondissement.

Il faudra, de plus, tenir compte aux chimistes de quelques frais de laboratoire, et payer quelques mémoires d'imprimeurs et autres fournisseurs.

Cette dépense ne doit pas excéder quatre cents francs par année et par canton. Elle peut être facilement couverte par une légère allocation sur le budget départemental, par des dons volontaires et par la cotisation des membres de l'association, cotisation qui doit cependant être peu élevée, en vertu de ce principe d'économie politique, dont la justesse n'est plus contestée, que les petites taxes sont en général les plus productives.

Il est même à désirer, et ce serait la preuve de l'énergique intelligence de tous, il est à désirer que les conseils municipaux de toutes nos communes, librement consultés, inscrivent au nombre des dépenses facultatives de leurs budgets une somme, si faible qu'elle soit, cinq francs, par exemple, sous le titre de souscription à l'association de la géologie départementale.

Toutes nos communes sont directement intéressées à la bonne et prompte exécution de ce travail de géologie pure et appliquée, qui doit faire connaître aux cultivateurs la composition de la terre qu'ils exploitent, la nature et la proportion des amendements dont ils doivent faire usage, ainsi que la convenance du drainage et la possibilité de l'établir, suivant la constitution du sous-sol, verticalement ou horizontalement.

Les conseils municipaux de nos chefs-lieux d'arrondissement et de canton tiendront à honneur de donner l'exemple, et se rappelleront ces nobles paroles du vénérable duc de la Rochefoucauld-Liancourt :

« Il faut aider à tout ce qui est utile; il faut « attacher son nom à tout ce qui est bon. »

Les conseils municipaux seront, je l'espère, d'autant plus empressés à voter cette légère subvention, que la recette qui en proviendra devra être laissée à la disposition des comités de canton, qui toutefois n'en pourront faire usage qu'après l'avis du comité d'arrondissement et l'autorisation du comité départemental.

Je n'ignore pas assurément que ce que je demande ici n'est ni dans les habitudes administratives ni dans celles des conseils municipaux ; je n'ignore pas que beaucoup de nos communes sont pauvres à ce point qu'elles ont peine à pourvoir à leurs dépenses les plus impérieuses. J'attache cependant beaucoup de prix à leur concours, et j'y verrais la preuve de l'intérêt que leur inspirent des travaux dont elles doivent profiter.

Il est possible qu'il y ait d'abord quelque hésitation sur ce point. Cette hésitation devra être religieusement respectée; elle cessera avec le temps, quand on pourra apprécier les services de l'association; et à cet égard, si de bons conseils sont nécessaires, les conseillers généraux n'oublieront certainement pas qu'ils sont, en cette occasion comme en toute autre, les patrons des communes qu'ils représentent.

Peut-être enfin sera-t-il bon d'accorder des récompenses honorifiques, des médailles par exemple, à ceux de nos coopérateurs qui, par l'intermédiaire obligatoire des comités de canton et d'arrondissement, auront présenté au comité départemental la plus grande somme de travaux ou les travaux les plus utiles.

Le comité départemental serait seul juge en

dernier ressort du mérite de ces travaux ; il aurait seul le droit de décerner, en motivant sa décision, de pareilles récompenses, auxquelles une sage parcimonie conserverait toute leur valeur.

Tel est, Messieurs et chers collègues, le projet de géologie départementale et agricole que je soumets à votre appréciation. Si, comme je l'espère, vous le recommandez à l'examen de l'administration, et si l'étude qui y est indiquée est suivie avec patience, avec sagesse, avec désintéressement, avec persévérance pendant plusieurs années, j'ai la conviction que vous aurez doté la science, l'agriculture et notre département d'un travail qui trouvera promptement des imitateurs.

Et en effet, car votre pensée va déjà au-delà de la mienne, n'aurez-vous pas contribué à fonder et à rendre d'un accès facile des collections que pourront consulter avec intérêt nos enfants, qui reçoivent dans les lycées et dans les colléges ces premières notions des sciences naturelles qui devront bientôt pénétrer dans toutes nos écoles ? Les hommes instruits que leurs affaires, leur fortune ou leur santé retiennent dans les limites de leurs cantons, ne pourront-ils pas rendre désormais les plus grands services à la science, à l'industrie et à l'agriculture, en visitant avec un but plus précis les lieux dont ils ont une longue habitude, et en inscrivant dans nos archives des remarques locales qui sont souvent de la plus grande importance?

« Il y a des contrées, » a dit un homme éminent dans la science, ancien président de la Société géologique de France, M. Ami Bouée, « il y a des contrées dont l'étude ne peut être « faite que par des géologues habitant les lieux « mêmes. Un géologue voyageur ne choisit pas « toujours, pour faire ses coupes, les routes les « plus favorables à la reconnaissance du pays. « Souvent les rapports les plus remarquables « lui restent cachés parce qu'il s'est trop tenu sur « les grandes voies de communication et qu'il « a négligé des vallons, des ravins, des gorges « que le géologue stationnaire peut seul parcou- « rir à son aise. »

J'ai parlé de la géologie; la botanique ne viendra-t-elle pas naturellement prendre sa place près d'elle dans les comités de canton, et la flore de Normandie, qui a rendu si justement célèbre le nom de Brébisson, ne pourra-t-elle s'enrichir de faits nouveaux dus à la patience infatigable de ces modestes observateurs qui reviennent vingt fois dans les lieux qu'ils aiment à revoir et auxquels, lorsque le poids de l'âge se fait sentir, ils attachent les plus doux souvenirs?

Ma pensée glisse en ce moment comme sur une pente rapide et va vers ceux avec lesquels j'ai passé la plus grande partie de ma vie; il en est un surtout, parmi de bien chers, que je ne puis oublier, mon savant maître, mon vieil ami, M. Antoine; je le nomme, dût sa modestie en souffrir; si cette page que je n'écris pas sans émotion vient à tomber sous ses yeux, il y verra comme un nouveau témoignage de ma profonde affection.

Mais l'industrie elle-même, Messieurs et chers collègues, ne peut-elle tirer parti de vos travaux, et le sol ne contient-il pas des trésors qui n'attendent peut-être, pour voir le jour, que le doigt qui les signalera et la main qui viendra les recueillir?

En voici un exemple entre beaucoup d'autres.

Dans un de nos principaux chefs-lieux de canton, un puits est creusé il y a quelques années. Un de mes amis, guidé par le hasard ou mieux par un esprit toujours curieux, toujours attentif, remarque à quelques mètres de profondeur une terre argileuse dont l'aspect le frappe; il m'en apporte un échantillon que j'ai depuis ce moment conservé avec soin dans ma collection.

En voici l'analyse :

Le lavage a donné :

Parties ténues entraînées par l'eau.	81,90
Sable fin.	18,10
	100

L'analyse élémentaire a donné les résultats suivants :

Silice.	55,10
Argile.	30,60
Eau perdue au rouge blanc. . .	14,30
	100

Consultés, les hommes de science répondent :

« Cette argile est d'une beauté et d'une pureté « si remarquables qu'elle paraît avoir été lavée; « elle est infusible, ne renferme pas de traces de « fer, et, si son extraction pouvait avoir lieu « d'une manière économique, elle aurait une « grande valeur industrielle. »

« Elle peut, ajoute un autre savant, servir à « la fabrication de la poterie fine. »

Le chef-lieu de canton dont je parle est le Neubourg; c'est à dix mètres de profondeur et dans la cour de Mme Isidore-Vautier que cette argile a été recueillie ; c'est à mon honorable ami, M. de Saint-Claire, alors ingénieur des ponts et chaussées à Louviers, aujourd'hui ingénieur en chef à Alençon, que je dois ce renseignement et cette analyse, qu'avec un désintéressement qui l'honore M. de Saint-Claire m'autorise à rendre publics.

Tous nos concitoyens l'en remercieront avec vous et avec moi.

Selon toute apparence cette couche d'argile s'étend sous le Neubourg et au delà. Quelle est son inclinaison? Est-elle facilement exploitable? y a-t-il là, comme il est permis de le croire, la matière première d'une industrie nouvelle dans le département? Je ne veux pas discuter en ce moment ces questions ; mais un comité de canton, occupé de recherches géologiques, ne tarderait pas à résoudre ce problème.

Je vous ai parlé de collections formées dans les chefs-lieux de canton ; les comités d'arrondissement réuniraient à leurs chefs-lieux la série des roches et des terrains de l'arrondissement, et la géologie départementale, étudiée dans ses moindres détails, serait comme un édifice qui s'élèverait ainsi sur de larges bases. Il n'y a, je ne l'ignore pas, que les maîtres de la science qui pourront en placer le couronnement, en coordonnant tous les faits; mais, tous, nous pouvons être les ouvriers de l'œuvre et, dans la mesure de nos forces réunissant des matériaux, prendre part à la construction d'un de ces monuments que j'appelle avec Horace *ære perennius*.

Je m'arrête ; je n'ai peut-être que trop abusé, mes chers collègues, de votre bienveillante attention. Suis-je parvenu à vous faire partager ma conviction?

Nous sommes arrivés à l'époque où les sciences doivent cesser d'être le partage d'un petit nombre d'initiés. C'est surtout aux conseils généraux qu'il appartient d'en répandre le goût et l'étude. Cultivées pour elles-mêmes, les sciences naturelles élèvent l'âme, développent l'intelligence, adoucissent les mœurs ; appliquées, elles contribuent aux progrès de l'agriculture, de l'industrie et des arts et à l'amélioration du sort de tous.

Vous avez déjà donné de nobles et utiles exemples ; vous avez ici, où la confiance et l'affection vous environnent, à Paris, où beaucoup d'entre vous occupent une position élevée, en France même, où vos délibérations appellent si justement l'attention, une grande autorité ; notre excellent Préfet est doué d'une vive intelligence et se plaît aux grandes entreprises ; nous avons l'honneur d'avoir pour président un homme éminent entre tous, habitué à donner aux lettres et aux sciences tous les instants qu'il peut dérober aux affaires de l'État ; n'hésitez pas ; fondez dès aujourd'hui une œuvre que le temps consacrera.

De longues années seront nécessaires pour qu'elle produise tous ses fruits ; eh bien ! plantez sans retard l'arbre qui doit donner de l'ombrage à nos enfants :

> . . . Il est permis
> De se donner des soins pour le bonheur d'autrui.

J'ajouterai, en terminant, que si cette œuvre devient la vôtre par votre adoption, vous aurez à demander pour elle le haut patronage de Leurs Excellences le Ministre de l'intérieur, le Ministre de l'agriculture, du commerce et des travaux publics et le Ministre de l'instruction publique. Leurs Excellences seraient priées par vous, et ne se refuseraient pas à cette prière, d'établir des relations officielles entre le comité départemental et les maîtres de la science, dont les conseils nous seront nécessaires ; et vous savez que l'empressement de l'Institut et de la Société géologique de France ne vous fera pas défaut du moment qu'il s'agit d'une entreprise d'utilité publique.

Le succès de votre œuvre sera d'autant plus assuré, Messieurs et chers collègues, qu'elle réunira autour d'elle de généreuses sympathies.

NOTES

RELATIVES A LA PLANCHE *A*.

A M. Guillaume Petit, directeur de la 3ᵉ section du syndicat de l'Iton.

Évreux, le 22 mai 1862.

Monsieur le Directeur,

Suivant le désir exprimé par votre lettre du 12 décembre dernier, j'ai l'honneur de vous communiquer, avec le plan et le profil des lieux, le rapport de MM. les Ingénieurs sur la reconnaissance d'une nappe d'eau souterraine, signalée par le garde Damiens au territoire de Gaudreville.

On est porté à croire que cette nappe d'eau, dont le

plan supérieur est à 5m 16 en contre-bas de l'eau ordinaire de la rivière d'Iton sur ce point, correspond aux sources de la Bonneville.

Cette constatation ne paraît du reste avoir qu'un intérêt purement géologique.

Agréez...

Le préfet de l'Eure :

JANVIER.

Rapport de l'Ingénieur ordinaire.

Par une lettre, en date du 12 décembre 1861, M. le Directeur du syndicat de l'Iton appelle l'attention des ingénieurs sur un cours d'eau souterrain que des marnerons venaient de rencontrer dans des fouilles entreprises sur le territoire de la commune de Gaudreville, et fait observer que si l'existence de ces nappes intérieures résulte de la constitution géologique de notre département, leur constatation peut n'être pas sans utilité pratique et devient toujours pour la science d'un certain intérêt.

Les cours d'eau souterrains ont été depuis longtemps signalés dans cette partie de la vallée de l'Iton; mais, faute de renseignements, il est impossible d'en préciser la situation relative. Nous sommes heureux que la communication de M. Guillaume Petit nous ait permis de commencer, sur cette intéressante question, une étude que nous ne négligerons aucune occasion de poursuivre à l'avenir.

La marnière signalée par le garde-rivière Damiens est située sur le flanc droit du coteau, à la lisière de la forêt d'Évreux et à 300 mètres en aval de la passerelle des Baucherons, hameau de la commune de Gaudreville ; sa distance à la rivière, mesurée perpendiculairement au cours de la vallée, est de 250 mètres.

Les marnerons, après avoir creusé leur puits verticalement sur 18^{m} 70, ont ouvert leur galerie suivant une première direction qu'ils ont dû abandonner aussitôt, se trouvant sur un cours d'eau souterrain qui se dirigeait suivant l'axe de leur tracé.

Le canal ainsi découvert, a 2^{m} 90 c. de largeur sur 1^{m} 75 de profondeur ; on ne peut évaluer que fort approximativement le débit. Un flotteur plongeant de 0^{m} 80 a parcouru un mètre en dix secondes, d'après trois expériences successives. Le débit serait de 507 litres par seconde.

Nous produisons ci-après le profil en travers levé perpendiculairement à la vallée et passant par le centre de la marnière. Il résulte des cotes prises que le plan supérieur de la nappe d'eau se trouve à 5^{m} 16 en contre-bas de l'eau ordinaire de la rivière de l'Iton sur ce point ; elle ne saurait donc être rendue à l'Iton, comme le pense le garde-rivière, et ne peut davantage servir aux irrigations ; mais dans de certaines circonstances, elle deviendrait un collecteur précieux des égouts du drainage ou des fossés des chemins et une décharge des eaux impures des usines. C'est ainsi que des animaux en putréfaction y ont déjà été jetés et ont disparu dans le courant.

En général l'eau paraît bonne à boire; elle a une grande analogie avec celle des sources de la Bonneville.

Nous ajouterons que depuis l'exploitation de cette marnière, six mois environ, les ouvriers n'ont pas remarqué de variation dans la tenue du plan d'eau, et tout porte à croire qu'il existe d'autres nappes plus inférieures, à niveau variable.

En 1857, il a été constaté par M. Lapeyruque, conducteur des ponts et chaussées, à la suite d'un affaissement du sol de la rivière, qu'il existe, à 500 mètres en amont de la marnière, un autre écoulement situé à plus de huit mètres en contre-bas du plafond du lit.

Évreux, le 12 mai 1862.

PICQUENOT.

Observations et avis de l'Ingénieur en chef.

Les courants qui existent dans la nappe d'eau souterraine de la vallée du Sec-Iton, représentent le volume d'eau qui, à raison de la grande perméabilité du sol, ne peut se tenir à la surface du lit de cette rivière, et doivent correspondre aux sources de la Bonneville.

Nous proposons de communiquer le rapport qui précède et le plan qui l'accompagne à M. le Directeur du syndicat pour satisfaire à sa demande du 12 décembre 1861.

Évreux, le 15 mai 1862.

L'Ingénieur en chef de l'Eure :

A. Méry.

DÉPARTEMENT DE L'EURE.

ARRONDISSEMENT D'ÉVREUX.

PONTS ET CHAUSSÉES.

SERVICE HYDRAULIQUE.

RIVIÈRE D'ITON.

COMMUNE DE GAUDREVILLE.

PLAN ET PROFIL à joindre à notre rapport en date de ce jour, sur l'existence d'une nappe d'eau souterraine, signalée par le garde-rivière Damiens.

Évreux, le 12 Mai 1862.

L'Ingénieur,

PICQUENOT.

Vu par l'Ingénieur en Chef de l'Eure, soussigné,

Évreux, le 15 Mai 1862,

MÉRY.

M. MÉRY, Ingénieur en chef.
M. PICQUENOT, Ingénieur ordinaire.

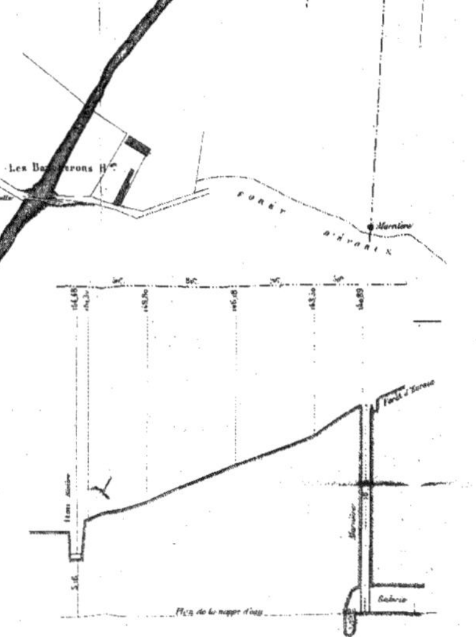

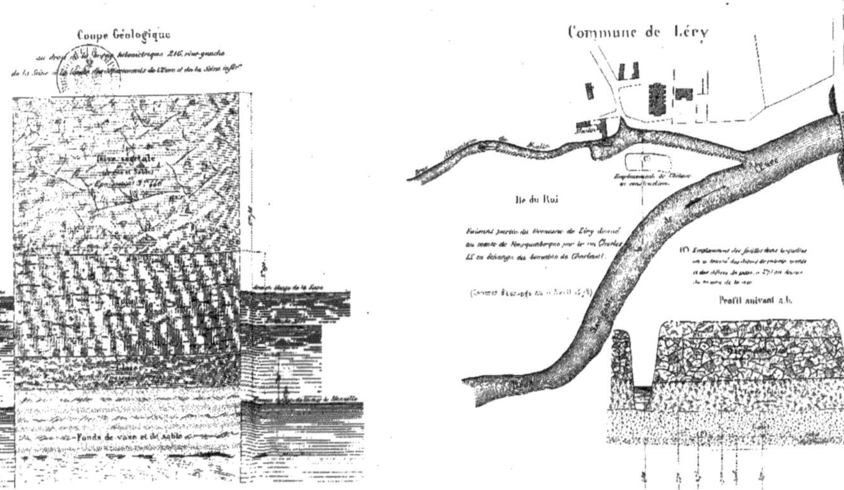
B
Coupe Géologique
Fonds de vase et de sable
C
Commune de Léry
Ile du Roi
Profil suivant a.b.

www.ingramcontent.com/pod-product-compliance
Lightning Source LLC
LaVergne TN
LVHW012007160826
845678LV00002B/708

* 9 7 8 2 3 2 9 6 7 0 3 8 6 *